正是枫叶荻花秋

晚风庭院落梅初

坐看青竹变琼枝

讲给孩子的四季故事

冬

刘兴诗 / 文　　白鳍豚文化 / 绘

长江出版传媒 | 长江少年儿童出版社

鄂新登字 04 号
图书在版编目（ＣＩＰ）数据
讲给孩子的四季故事. 冬 / 刘兴诗著 ; 白鳍豚文化绘. — 武汉 : 长江少年儿童出版社, 2020.6
ISBN 978-7-5721-0471-8
Ⅰ. ①讲… Ⅱ. ①刘… ②白… Ⅲ. ①冬季－青少年读物 Ⅳ. ①P193-49
中国版本图书馆 CIP 数据核字（2020）第 053177 号

讲给孩子的四季故事·冬

刘兴诗 / 文　白鳍豚文化 / 绘
出品人：何龙
策划：胡星　责任编辑：胡星 郭心怡　营销编辑：唐靓
美术设计：白鳍豚童书工作室 彭瑾 徐晟 杨鑫　插图绘制：白鳍豚童书工作室 胡思琪 徐明晶 赵聪
卷首语：崔艺潇
出版发行：长江少年儿童出版社
网址：www.cjcpg.com　邮箱：cjcpg_cp@163.com
印刷：湖北新华印务有限公司　经销：新华书店湖北发行所
开本：16 开　印张：2.75　规格：889 毫米 ×1194 毫米　印数：10001-16000 册
印次：2020 年 6 月第 1 版，2021 年 1 月第 2 次印刷　书号：ISBN 978-7-5721-0471-8
定价：32.00 元

冬天，
是一首梦幻的诗，
吟诵着纯净的梦想与期盼。

当薄薄的寒雾在空中飘散，
洁白的雪花跳着轻盈的华尔兹随风落下，
孩子们又可以在雪地里快乐地玩耍啦。

看呀，梅花排着整齐的队伍绽开笑脸，
雪花亲吻着它们红扑扑的小脸蛋。
孩子们抛出的雪球落在树枝上，落在楼宇间，
绽开了一朵朵白莲花。

小动物们在雪地上奔跑着，留下一串串可爱的小脚印。
不远处，暖阳轻轻抚摸着小雪人的脸，
和它一起聆听小溪结冰的声音。

11月的节日

11月7日 立冬（这日前后）

11月8日 中国记者节

11月9日 全国消防日

11月14日 世界糖尿病日

11月16日 国际宽容日

11月17日 世界学生日

11月20日 世界儿童日

11月21日 世界电视日

11月22日 小雪（这日前后）

11月

初冬一到，天气渐寒。大地慢慢褪下金色的外衣，披上了一层朦胧的轻纱。树林里、道路旁，勤劳的工人们正在给树干刷上一层厚厚的石灰水，帮助它们平安过冬。忙碌的秋收接近尾声了，人们打开封存的地窖，把秋日里满满当当的收获一股脑儿地放进去。小动物们也储备好过冬的食物，准备冬眠啦。

关于 11 月

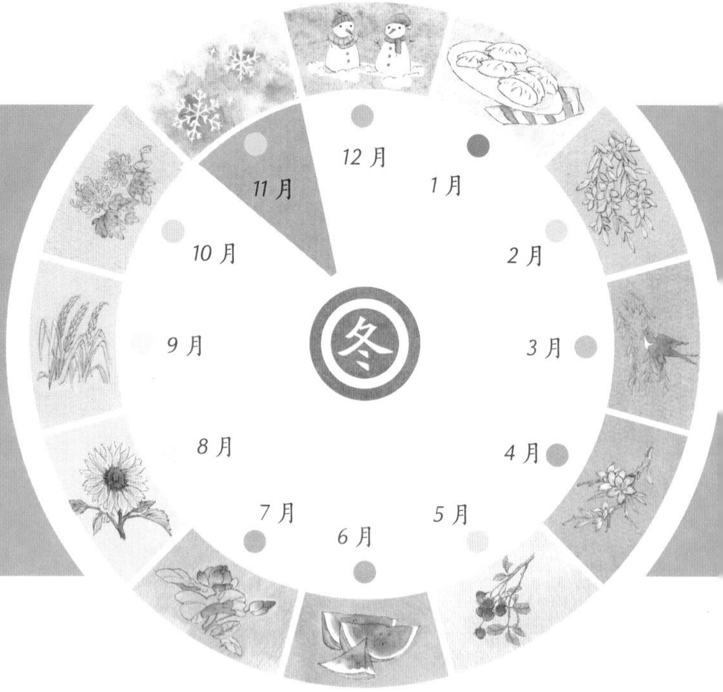

11 月是北半球冬季的第一个月，公历年中的第十一个月，属于小月，有 30 天。11 月有立冬和小雪两个节气，我国大部分地区平均气温降到 10℃以下，空气也变得更加干燥，北方地区进入寒冰封冻的时节。在古代，冬有“终了”之意，这时秋收作物已被人们收藏入仓，一些动物也藏起来准备冬眠。农民忙着帮助作物越冬防寒，期待来年有好的收成。

『地球公转与气候变化』

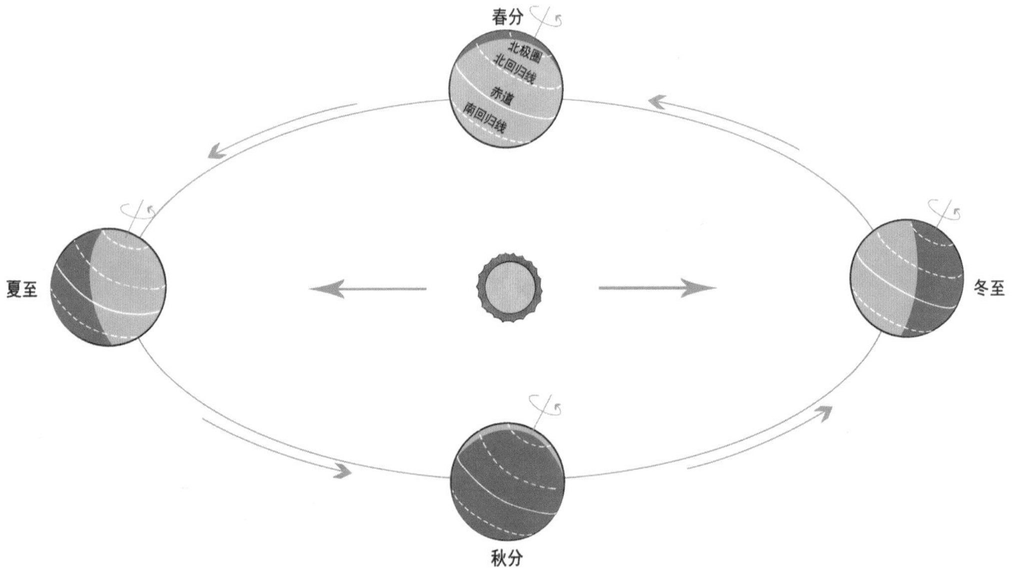

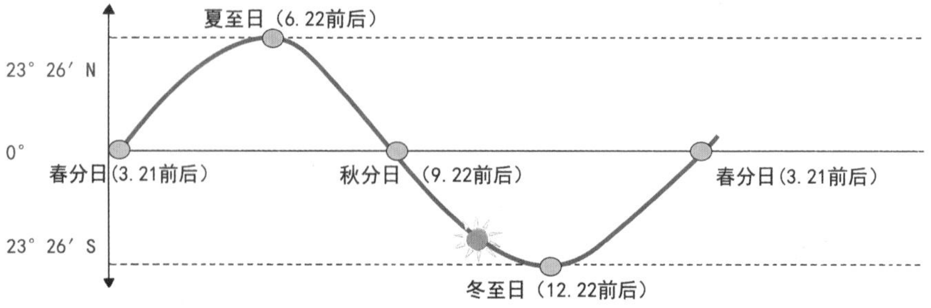

11 月是初冬。按照我国古代的划分，立冬标志着冬天的开始，这一天太阳运行到黄经 225°，北半球日照的时间将继续缩短。小雪节气，太阳运行到黄经 240°，强冷空气活动更加频繁，降雪开始拉开序幕，大地银装素裹的时节就要来了。

『诗词赏析』

寒风阵阵，雪花飘飘，冬天悄悄开始了。

初冬的美很独特。温柔的雪花迈着欢快的舞步从天空缓缓落下，落在地面，落在田间，落在枝头，落在孩子们天真的脸上。

初冬既是寒冷的，又是美好的，那被白雪覆盖着的大地多么纯净呀！

初冬到底有多美？快走进唐代诗人高骈的诗作中尽情欣赏吧！

对雪

六出飞花入户时，坐看青竹变琼枝。
如今好上高楼望，盖尽人间恶路歧。

雪花飞啊飞，像舞动的精灵，一会儿就铺满了大地。那青青的竹林怎么一下子就换了模样？全盖满了冰晶，变成银亮亮的一片，好一个银色的世界！这时登上高楼，放眼四周，苍茫大地被大雪覆盖。真希望大雪也能掩盖住人间的丑恶与罪孽，使世界变得像雪一样纯洁美好。

『谚语』

立冬晴，五谷丰

人们常以立冬这一天的天气来感知整个冬季的天气走向，认为如果立冬时天气晴朗，来年就会获得好收成。

小雪封地，大雪封河

小雪、大雪时节气温快速下降。我国北方一些地区在小雪期间土地会上冻，大雪期间河水会结冰。

雷打冬，十个牛圈九个空

冬季打雷说明空气湿度大，容易形成雨雪，这时牲畜容易遭受冻害，诱发疾病和死亡。

植物笔记

『松树』

天气越来越冷，树木大多凋零了，但挺立的松树依旧青翠葱然。松树不仅能够抵抗寒冷，还是有名的“长寿冠军”，从古时候起就被人们认为是长寿和百折不挠精神的象征。松树形态奇特，针叶成束，像一个个英勇的卫士。它们的树冠蓬松，自如地展开，这也是松树这一名字的由来。

分　　类：松科。常绿或落叶乔木，少数为灌木
代表品种：马尾松、油松、华山松等
分布区域：各大洲均有种植（南极洲除外）
应用价值：可用于观赏、药用及木材加工等

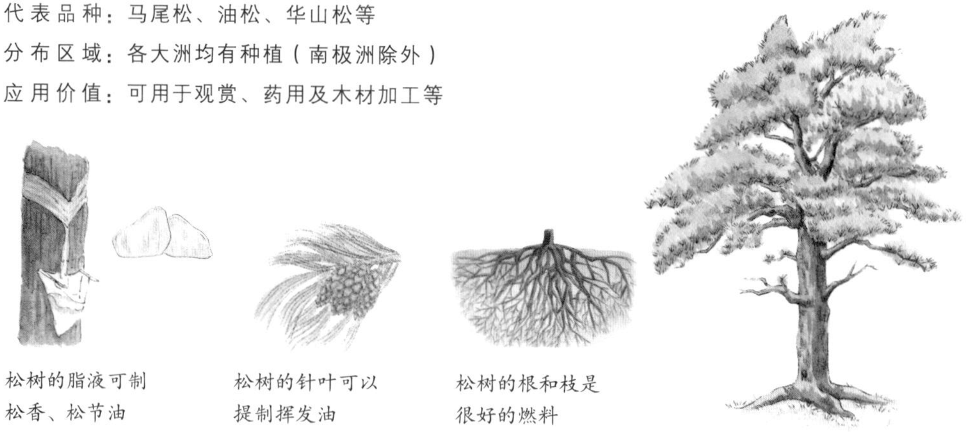

松树的脂液可制松香、松节油

松树的针叶可以提制挥发油

松树的根和枝是很好的燃料

『水稻』

成熟的晚稻，颗粒饱满，摇曳着沉甸甸的稻穗，散发出醉人的稻香。水稻原产于中国和印度，不仅能为世界上近一半的人口提供主食，还可以作为工业原料和牲畜饲料。今天，我们能有这么丰富的粮食产量，多亏了袁隆平爷爷等水稻专家研究出了杂交水稻，极大地提高了水稻的产量，袁隆平也因此被称为“杂交水稻之父”。

分　　类：禾本科。一年生草本
植株高度：一般在 0.5 ~ 1.5 米
分布区域：各大洲均有种植（南极洲除外）
应用价值：重要的粮食作物

1. 幼苗期　2. 分蘖期　3. 抽穗期　4. 结实期

动物笔记

「蛇」

蛇的分布很广，与人类的关系也十分密切。它们的身体细长，没有四肢，表面长着一层角质鳞。蛇的生活受到外界气候的影响很大，它们的体温也会随着环境温度的变化而变化。蛇的视力不好，主要依靠舌头来收集空气中的“气味颗粒”，以判断危险和识别美食。蛇不仅对维持生态平衡有重要的作用，还可以用来入药。

别　　名：小龙
分　　类：爬行纲，蛇目
繁殖方式：大部分产卵，少数种类产仔
分布区域：除两极地区外全球各地都有分布

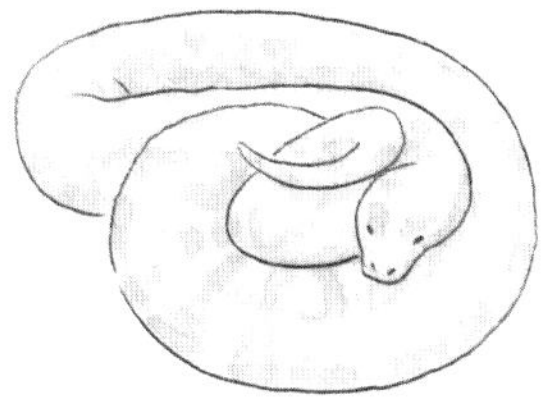

黄金蟒

金环蛇

眼镜蛇

别　　名：灰鼠
分　　类：哺乳纲，啮齿目，松鼠科
体　　长：一般在 20 ~ 28 厘米
繁 期 殖：一般在春、夏两季繁殖

「松鼠」

看呀，一只大尾巴松鼠正在树上蹦蹦跳跳。它那蓬松的尾巴高高抛起来，就是最好的平衡器；下雪的时候躲在树洞里，毛茸茸的大尾巴盖在身上，就是最暖和的被子。松子、胡桃、栗子等坚果都是松鼠爱吃的食物。它们还会吃一些鲜嫩的树叶和树枝，并捕食昆虫和小鸟。松树还是机智的“生活家”，喜欢将粮食储藏起来，留到食物缺乏的时候慢慢享用。

天气 · 习俗 · 节日

雾霾

冬季，除了对抗寒冷，人们还需要阻挡无孔不入的雾霾。雾霾是自然气候条件与人类活动共同作用产生的，长期吸入会危害人们的呼吸系统和心血管系统等。简单地说，雾霾是对大气中各种超标悬浮细颗粒物（PM2.5）的统称。雾霾天要减少出门，或在出门时佩戴专业防雾霾的口罩。

做腌菜

立冬，是万物伏藏的时节。此时大自然的冬天正式开始，人们也开始为过冬做准备。过去，北方地区的人们常常要在这时储存粮食和蔬菜，以抵御物资匮乏的寒冬。为了防止蔬菜腐烂变质，人们便发明了腌制蔬菜的方法，将盐均匀地撒在蔬菜上，再将蔬菜放入容器中密封，让美味长久地储存起来。

下元节

农历十月十五是下元节，是中国民间的传统节日。下元节的来历与道教有关。人们认为道教中的水官能够解除厄运，便把他诞辰的农历十月十五称为“下元节”。人们会在这一天准备丰盛菜肴等贡品享祭祖先，并祈求下元水官帮助人们排忧解难，促使风调雨顺、国泰民安。

漫画故事会

『大禹治水的故事』

1 相传，禹是一位神仙，他来到人间和阿娇姑娘结了婚。有一年洪水泛滥，禹告别新婚的妻子前去治水，还号召人们团结起来，共同商量治理洪水的办法。

2 禹在去的路上得知阿娇怀孕了。他很高兴，但是约定治水的时间快到了，他只好按时赴约。禹建议用疏导的方法，让洪水顺着河道流到大海里去。于是，他带领众人动手开凿河道。

3 大家不停地工作，修了一条条河道。有一天，一位乡亲告诉他阿娇生病了，希望他回家去看看。禹非常想念妻子，可是他想了想说："治水是大家的事，不能因为我而耽搁了大家。"他托乡亲把药物带给阿娇，又和大家一起奔赴治水的现场。

4 禹去疏导另外一条河道时，再次经过家乡。一位乡亲对他说："阿娇快生孩子了，你快去看看她吧！"禹叹了口气说："不，我回家一天，就耽误一天治水的工作。"禹三次路过自己的家门都没有回家，乡亲们为此十分感动，干起活来加倍努力。后来洪水终于退了，百姓重新过上了安稳的生活。

环保行动派

『垃圾分类』

地球上的许多资源在被人类开发利用后最终都会转化为垃圾，垃圾处理日益成为一个棘手的问题。只有按照合理的标准与方法，将垃圾进行分类储存、投放和搬运，才能使垃圾更好地产生价值，成为一种对人们有用的公共资源。进行垃圾分类收集可以减少垃圾处理量和处理设备，降低处理成本，减少土地资源的消耗，我们每一个人都应该树立垃圾分类的观念。

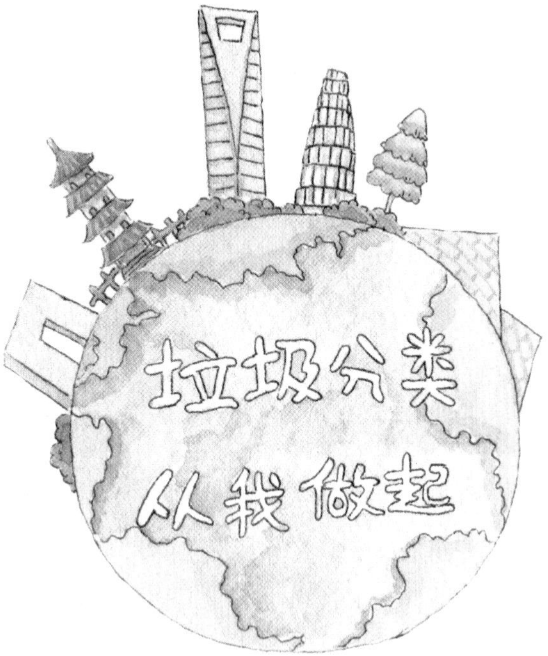

『乱丢垃圾的危害』

侵占土地

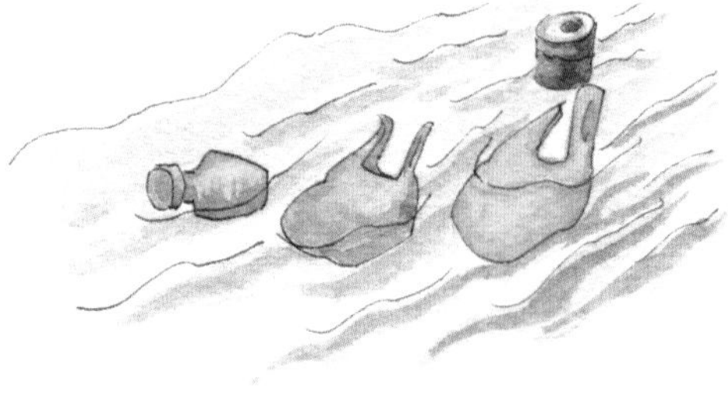

污染水体

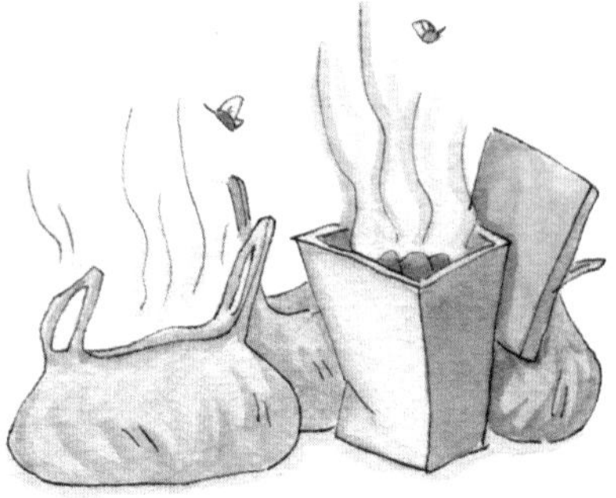

污染空气

浪费资源

我们日常生活的每一天，都会产生大量的垃圾。如果将它们进行简单的堆放或填埋，不仅会占用大量土地，还会严重污染空气、土壤和地下水，威胁人类的生存。而将垃圾进行高温焚烧，需要包括垃圾处理设备和处理资金在内的大量投资，同时也会造成大气污染。所以，我们需要将垃圾进行分类，合理地利用和处理。

『黑天鹅的故事』

动物园里，几只黑天鹅在水中嬉戏，成为园中的一道靓丽风景。走近一看，它们竟然在争抢水中的塑料袋。原来，投喂食物的游客随手将塑料袋也一并丢入了水中，让黑天鹅误以为那也是美味的食物。常用塑料袋的主要成分是聚乙烯，属于有机高分子化合物，难以降解，黑天鹅一旦误食，会因为无法消化阻塞肠道而死亡。

『垃圾分类的方法』

有害垃圾
防止污染，保护环境

将废弃的灯管、电池、油漆桶、药品及包装等单独投入有害垃圾收集容器内，严禁混入其他各类生活垃圾。

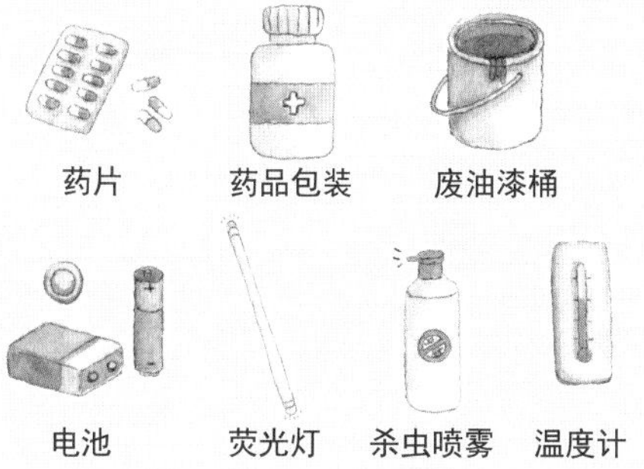

湿垃圾
生化处理，回归自然

将剩饭剩菜、瓜皮果核、花卉绿植、过期食品等日常生活中产生的容易腐烂的生物质废弃物投入到湿垃圾收集容器内。

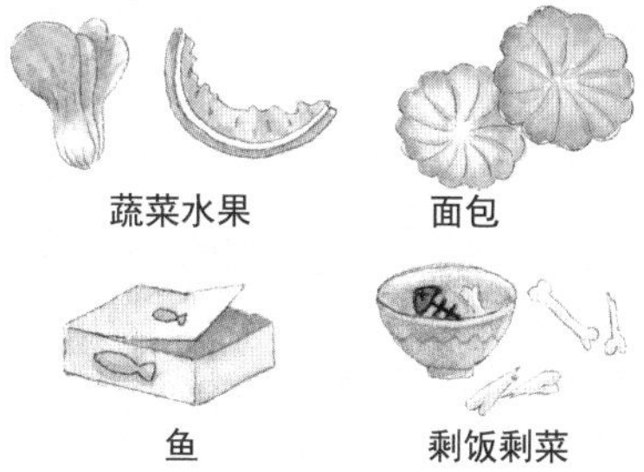

可回收物
节约资源，循环利用

提倡将废弃的玻璃、金属、塑料、废纸、布料等卖给废品回收站，交投至两网融合服务点或可回收物收集容器内。

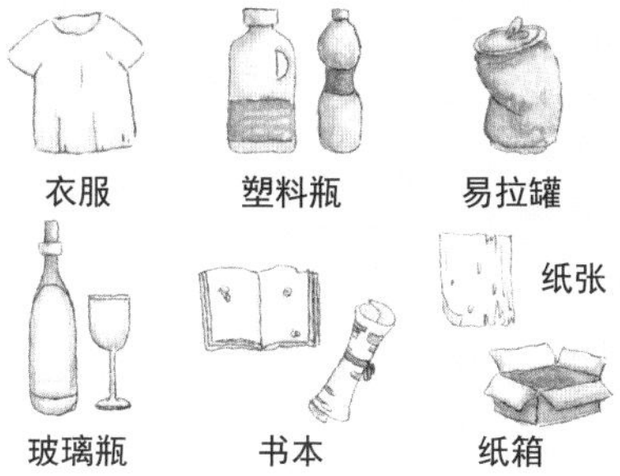

干垃圾
能源转换，减少排放

除有害垃圾、湿垃圾、可回收物以外的其他生活废弃物，投入干垃圾收集容器内。

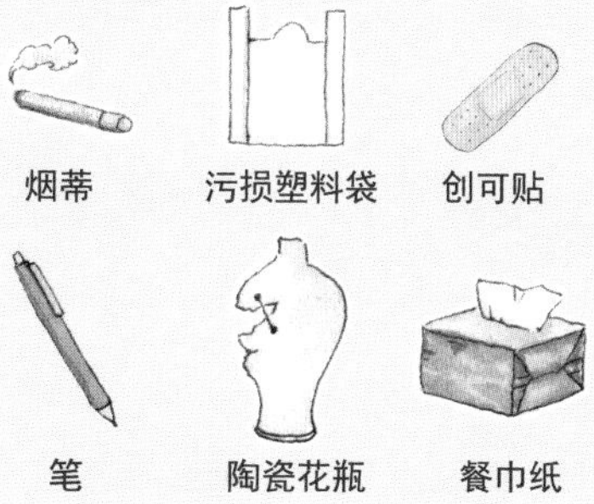

12月的节日

12月1日 世界艾滋病日

12月2日 全国交通安全日

12月3日 国际残疾人日

12月4日 国家宪法日

12月7日 大雪（这日前后）

12月10日 世界人权日

12月13日 南京大屠杀死难者国家公祭日

12月19日 联合国南南合作日

12月22日 冬至（这日前后）

12月

刺骨的霜风一阵阵吹着，真冷呀！瞧，一排排柳树已经变得光秃秃的，低低垂悬的柳条儿上结满了透明的冰晶。洁白的雪铺开了一张又大又厚的被子，到处一片白茫茫。屋檐下挂着长长短短的冰凌，轻轻敲一下，发出叮叮咚咚的响声，真好听！屋子里，大人和孩子们正忙着包饺子，将美好的期待悉心收藏。

关于12月

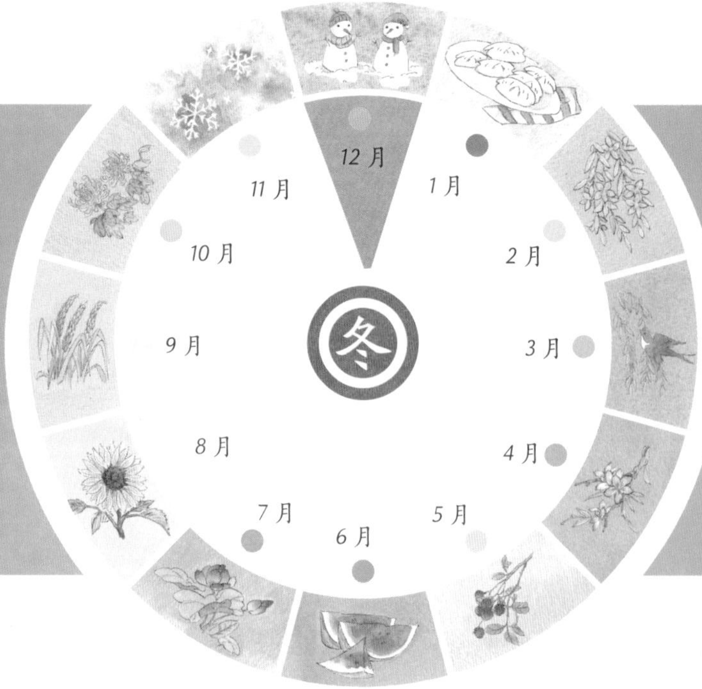

12月是北半球冬季的第二个月，公历年中的第十二个月，属于大月，共有31天。12月有大雪和冬至两个节气，我国大部分地区的最低气温都降至0摄氏度或以下，常常出现大雪、冻雨等天气，北方地区已经是“千里冰封，万里雪飘”的风光。这时候天寒地冻，作物生长缓慢甚至停止生长，但农事活动不能就此松懈，防冻保苗、清沟排水等工作十分重要。

『地球公转与气候变化』

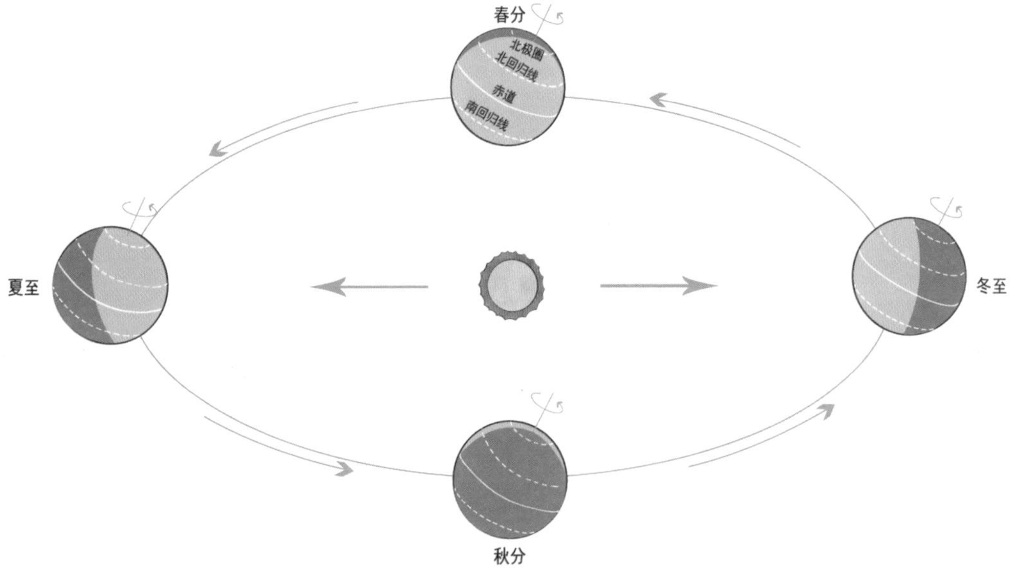

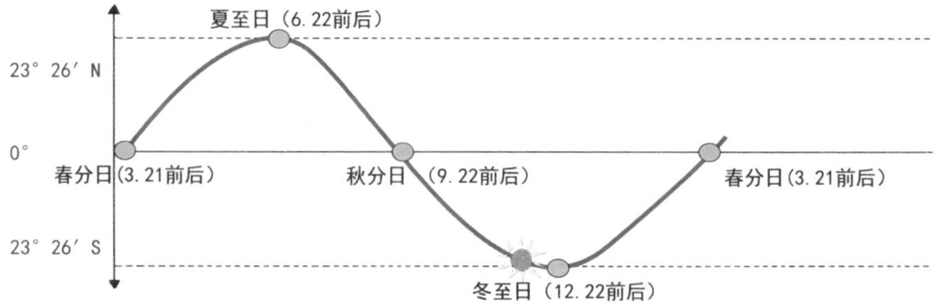

12月是北半球冬季最寒冷的月份之一。大雪节气是天气变得更冷、降雪概率变大的标志，这一天太阳运行到黄经255°。冬至时，太阳运行到黄经270°。这一天，太阳直射南回归线，是北半球昼最短、夜最长的时候，而过了冬至，北半球的白昼时间就开始渐渐变长。

『诗词赏析』

仲冬时节，一天天越来越冷了。大自然仿佛到处有冬天的精灵，不管什么花呀树呀，都带着冬天的气息。

冬天的精灵是谁？它们在哪里？

不用漫山遍野寻找，因为不管把目光投向哪儿，都能发现冬天的痕迹。

这时候的寒冬到底是什么样的？请看唐代大诗人杜甫的诗作吧。

小至

天时人事日相催，冬至阳生春又来。
刺绣五纹添弱线，吹葭六琯动浮灰。
岸容待腊将舒柳，山意冲寒欲放梅。
云物不殊乡国异，教儿且覆掌中杯。

光阴流转，四季更替。冬至一过，白昼的时间就越来越长，暖暖的春意也开始萌动。刺绣姑娘们正在努力赶制崭新的春衣。等到腊月时，岸边的柳条就要开始舒展枝芽，山中的寒梅也会傲雪绽放，散发醉人的香气。可千万不要辜负眼前的美景啊。

『谚语』

冬天麦盖三层被，来年枕着馒头睡

厚厚的积雪能冻死许多害虫，减少病虫害，融化的雪水能灌溉麦田，大雪预示着来年会获得大丰收。

大雪河封住，冬至不行船

到了大雪节气，气温降到0摄氏度以下，河面都冻住了，就连船只也无法行驶。

吃了冬至饭，一天长一线

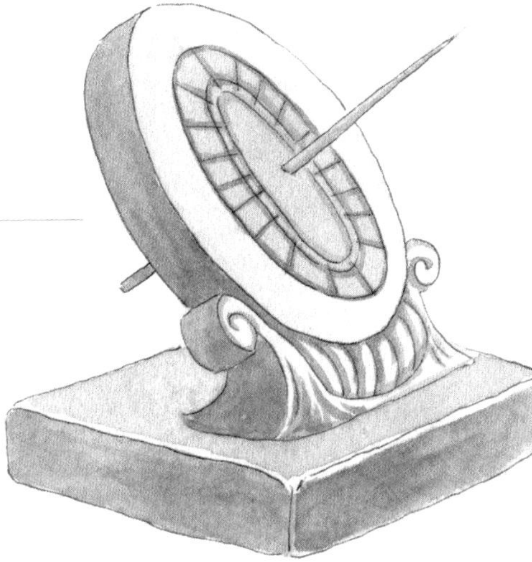

冬至日后，太阳直射点逐渐从南回归线向北移动，北半球昼变长、夜变短，白昼平均每天会增长90秒以上。

植物笔记

『梅花』

梅花是中国十大名花之首，已经有3000多年的栽培历史。特别是蜡梅，凌寒独自开，它那高洁、坚强、谦虚的品格，激励人们立志奋发。蜡梅娇艳的花儿，映着白雪，鲜艳又夺目，尽管它们身上都盖着蓬蓬松松的白雪，却依旧生气勃勃。这时候松树和竹子也陪伴着它，人们说它们是“岁寒三友”，象征着坚贞不屈。

分　　类：蔷薇科。落叶小乔木

植株高度：通常在4～10米

花　　期：一般在冬季或早春开放

应用价值：可供观赏及药用

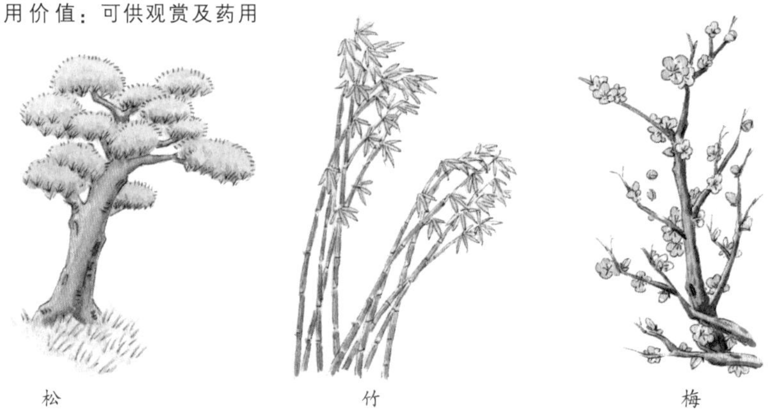

岁寒三友

别　　名：莱菔

分　　类：十字花科。一二年生草本

分布区域：各大洲均有种植（南极洲除外）

应用价值：可供食用及药用

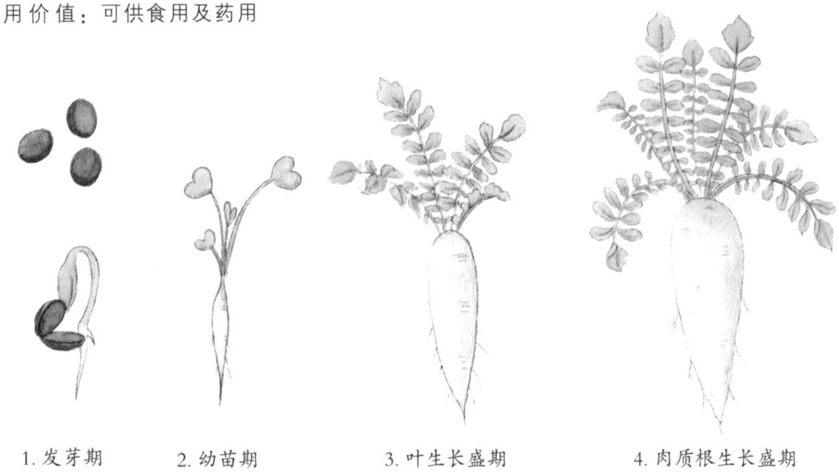

『萝卜』

萝卜是一种古老的栽培作物，《诗经》《尔雅》中就有关于它的记载，北魏《齐民要术》中已有萝卜栽培方法的记载。萝卜甜滋滋的，又香又脆，既可以炒、煮、凉拌，还可以当作水果生吃，以及用作泡菜、酱菜的腌制。萝卜的营养十分丰富，民间流传着“十月萝卜赛人参”“冬吃萝卜夏吃姜，一年四季保安康”的说法。

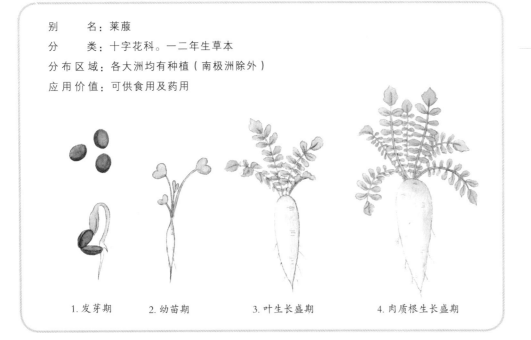

动物笔记

『蜗牛』

小小的蜗牛怎么过冬呢？有办法！它们用自己分泌的黏液把壳密封起来，就可以挡住冬天的寒气了。蜗牛的嘴巴很小，矩形的舌头上面长着无数细小而整齐的牙齿，这些牙齿最多有135排，每一排都有大约105颗牙齿，这样算起来，一只蜗牛的牙齿达到了一万颗以上，想不到吧，它可是世界上牙齿最多的动物。

分　　类：腹足纲，蜗牛科
栖息环境：多生活在阴暗潮湿的疏松腐殖土中
繁 殖 期：一年四季均可繁殖
分布区域：各大洲均有分布（南极洲除外）

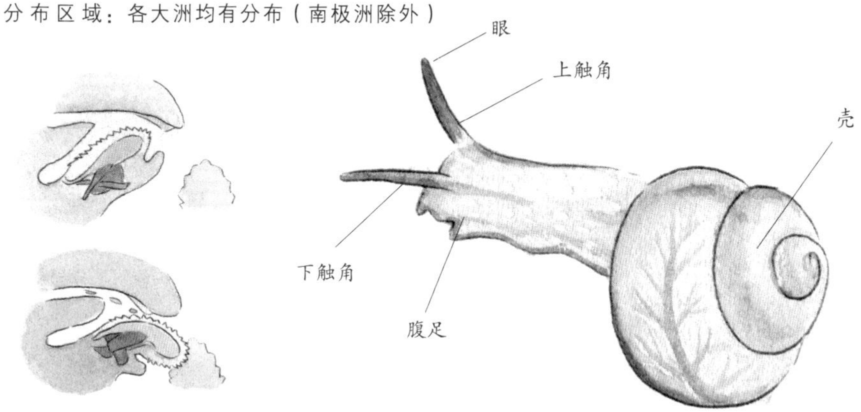

别　　名：白熊
分　　类：食肉目，熊科
体　　长：直立时可高达2.8米
分布区域：主要生活在北冰洋附近有浮冰的海域

『北极熊』

北极熊是世界上体形最大的陆地食肉动物，它们的皮毛很厚，还有厚厚的脂肪，所以不怕寒冷的风雪，可以生活在北极圈内的冰天雪地里，在冰冷海水中抓海豹和鱼类吃。受到全球气候变暖的影响，北极的浮冰逐渐融化，北极熊的生活环境正在遭到破坏，我们要一起行动起来，保护北极熊和它们的家园。

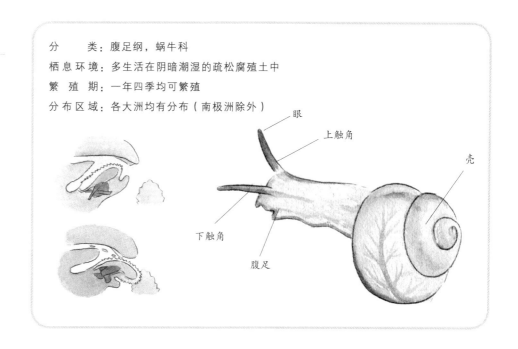

天气·习俗·节日

雨夹雪

仲冬时，南方很多地区为什么会出现先下雪再转雨夹雪的情况呢？原来这和冷暖空气的配合有关。我国南方的降雪受到暖湿气流的影响很大，当暖湿气流强盛，高空的冻结层温度就会变高，使得雪花无法形成，于是变成了雨落到地面。

九九消寒

从冬至这一天起，每数足9天为一个“九”。一些文人雅士会在冬至时相约九人饮酒，并用九碟九碗，取九九消寒之意。还有些地区的人们会在纸上绘制一枝有九九八十一瓣的素梅花，每天填一瓣，等所有花瓣都有了颜色，漫长的冬天就变成了明媚的春天。

冬至节

冬至是冬季里非常重要的日子，也是中国民间的传统节日。古人将冬至称为“亚岁”或“小年”，视为大吉之日，在这一天有祭祖祈福的传统。北方地区冬至时有宰羊、吃饺子、吃馄饨的习俗。而汤圆是南方人冬至必备的食品，“圆”意味着“团圆”“圆满”，冬至时吃的汤圆又叫“冬至团”。

漫画故事会

「腊八粥的故事」

1 朱元璋小时候生活非常贫困。有一次他给地主家放牛，因为犯了错误被关到了柴房里，没有饭吃。

2 正当朱元璋饿得浑身难受时，一只大老鼠从他的身边刺溜一下蹿了过去。他看见这只老鼠这么肥硕，就跟着它的踪迹找到了老鼠窝，果然里面藏着各种粮食的碎渣。

3 朱元璋把这些粮食的碎渣收集起来，做成了一锅热腾腾的粥，十分香糯可口。他饿极了，狼吞虎咽地把这锅粥吃了个精光。

4 后来，朱元璋做了皇帝，山珍海味都吃厌了，便想起自己小时候吃过的那一碗杂烩粥来了，于是叫御膳房根据自己的印象和描述做了出来，这一天正好是腊月初八，于是这种粥就被起名为腊八粥。

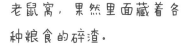

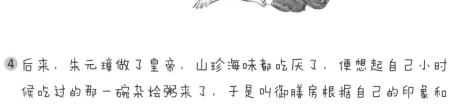

环保行动派

『海洋是宝库』

海洋覆盖了地球表面约71%的面积。海洋像一座宝库（见下图），不仅对地球的气候变化有很大的影响，还为我们提供氧气、食物、药材、矿产、能源，但它们并不是取之不尽用之不竭的。

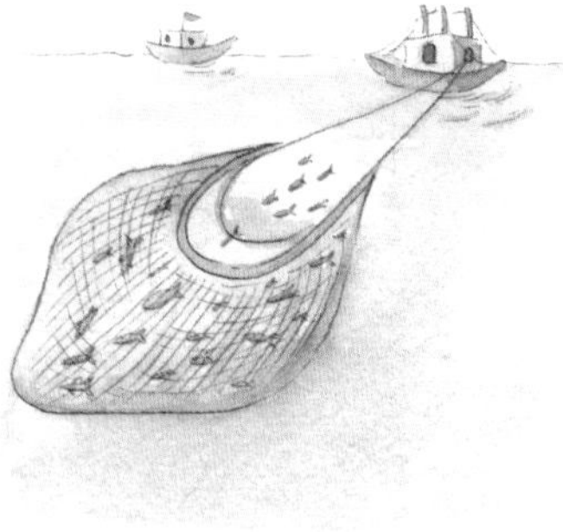

海上捕捞

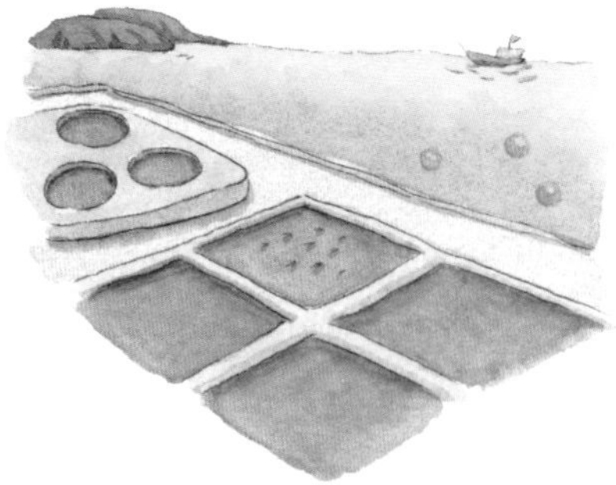

水产养殖

人工鱼礁

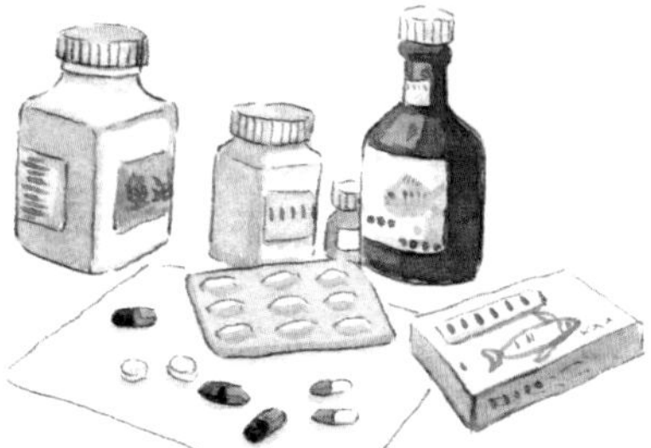

药品开发

工业污染

生活污水

海滩垃圾

过度捕捞

『海洋遇到麻烦了吗』

由于人类对海洋资源的过度开发，海洋的生态环境和生物多样性都受到了严重破坏（见上图）。漂浮在海洋中的塑料导致许多海洋生物死亡，海洋石油开发和运输时泄漏的石油隔绝了海水与空气之间的氧气交换，海洋正在荒漠化。有一天我们可能再也吃不到美味的鱼了，再也看不到可爱的“海洋精灵”了。

『餐桌上的污染』

汞、镉、铬、铅、砷属于第一类污染物，对人体危害很大。这些污染物随废水进入水体后，被浮游生物吸收，而小鱼吃浮游生物，大鱼又吃小鱼，人又吃到被污染后的鱼类，污染物便会这样逐渐聚集到人的体内。所以，污染海洋最后受伤害的还是人类自己。

『保护海洋资源，我们能做什么』

1. 对塑料袋进行回收再利用

2. 将废旧电池统一放入指定回收站

3. 不使用含磷洗衣粉

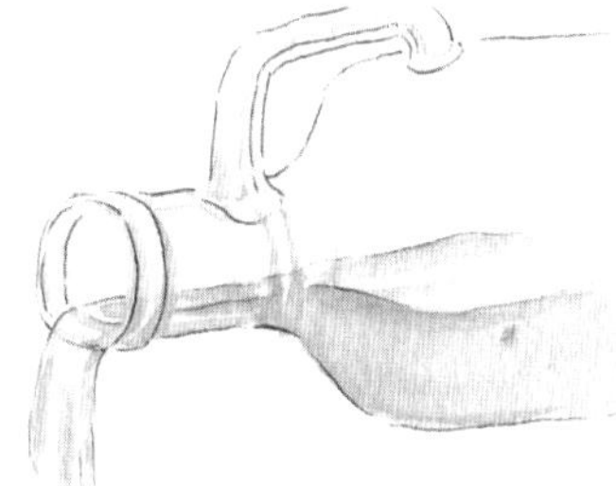

4. 不随手把垃圾丢到水里或海边

1月的节日

1月1日　元旦节

1月6日　小寒（这日前后）

1月20日　大寒（这日前后）

1月中旬　腊八节（较多年份）

1月下旬　小年／除夕／春节（较多年份）

1月最后一个星期日　世界防治麻风病日

1月

寒风阵阵，雪花飘飘，隆冬时节来了。洁白的雪铺开了一床宽大的被子，盖严了整个大地，分不清小河、小路和田野。孩子们可高兴了，凿下四四方方的冰砖，用心雕刻一个个活灵活现的作品，仿佛置身童话世界。院子里，大人们则忙着扫尘、贴春联，奶奶包的饺子皮薄馅大，还往里面悄悄藏了一个枣，吃到的人运气最好。

关于1月

1月是北半球冬季的最后一个月，公历年中的第一个月，属于大月，共有31天。1月有小寒和大寒两个节气，这时已经进入数九寒冬，正所谓“四九夜眠如露宿”，寒潮活动最为活跃，全国大部分地区进入一年中最寒冷的时节。这时候霜雪频频，农作物容易遭受冻害，需要做好防寒防冻工作。大寒一过就是立春，又一轮的四季即将开始。

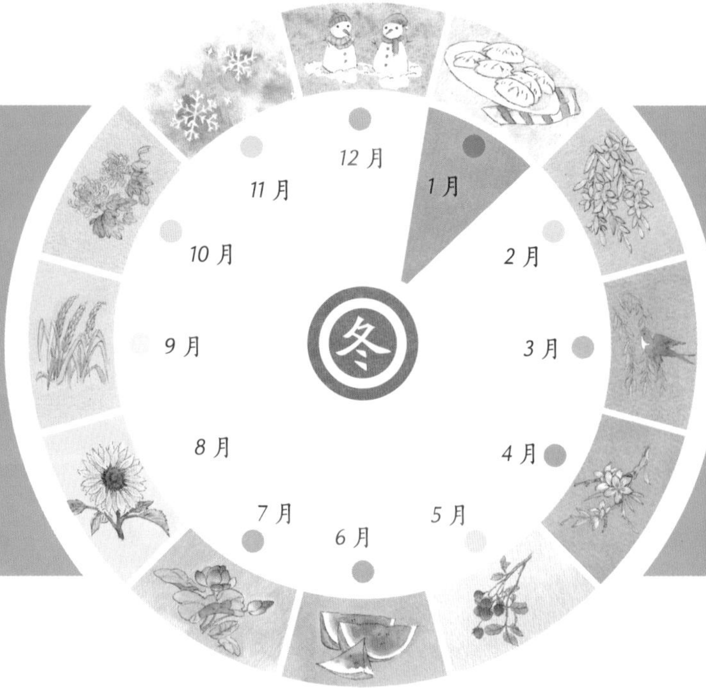

『地球公转与气候变化』

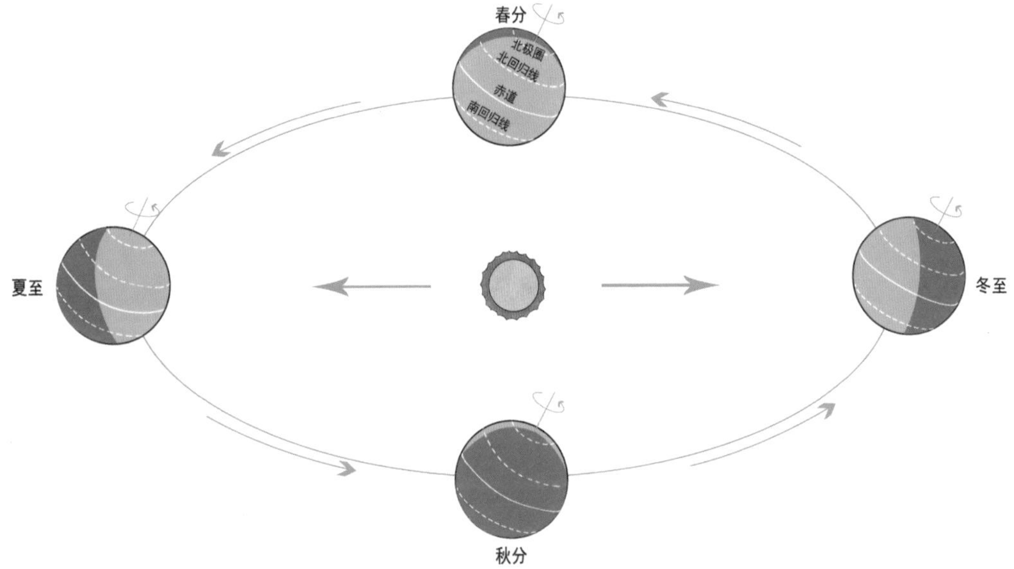

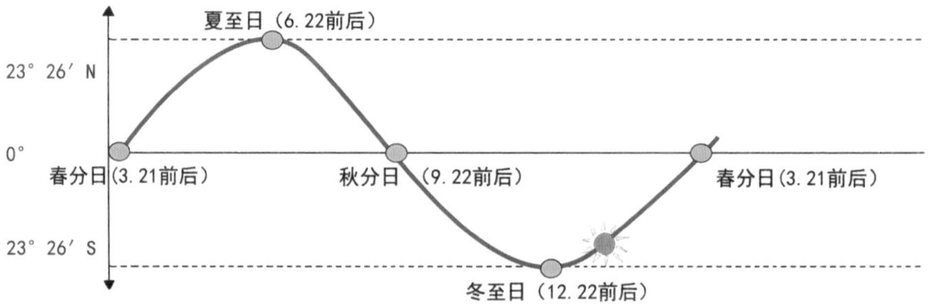

1月是晚冬，也是全年最为寒冷的时期。小寒和大寒都是反映气温变化的节气。小寒这一天，太阳运行到黄经285°，气温显著下降。大寒的时候，太阳运行到黄经300°，寒潮活跃，许多地方都是冰天雪地的景象。

『诗词赏析』

寒冬一月到，大地仿佛一瞬间安静下来了。

这时候到底是什么样子？

请看唐代文学家柳宗元的一首诗：

江雪

千山鸟飞绝，万径人踪灭。
孤舟蓑笠翁，独钓寒江雪。

冷啊冷，一片片雪花不声不响地在空中上上下下飘飞。寒冷的天空中，一派空荡荡的，瞧不见一只鸟儿，听不见一声清脆的鸟叫声。

冷啊冷，冷清清的山上，冷清清的小路，瞧不见一个人影。只有一股股低声呜咽的风，只有一片片飘洒不尽的雪花，蒙罩着眼前这一座座冷清清的大山和小山。

你瞧，江上一只孤零零的小渔船，一位神秘的老人不声不响在垂钓。他的鱼钩收放自如，似乎钓起的不是鱼儿，而是一片片洁白无瑕的雪花。

雪花飘飘，雪花飘飘，天上，江上，小船儿上，一片静悄悄……

『谚语』

三九四九冰上走

冬至开始进入数九寒冬，每9天为一个“九”。“三九”“四九”处在小寒、大寒时段，是冬季最为寒冷的时期。

冬练三九，夏练三伏

小寒节气是人们加强身体锻炼的大好时节。冬季锻炼应注意做好暖身活动，及时增减衣服。

牛喂三九，马喂三伏

三九天是农闲的时候。这时喂牛，有更多的时间可以让牛细细反刍草料，便于其更好消化吸收。

植物笔记

『水仙』

冬日的屋子里，淡雅的水仙花正静静开放着。一盆浅浅的清水，便是水仙花生长的乐园。你看，几片碧绿的叶子，一根细细的花茎，轻轻托起一朵洁白的水仙花。水仙有着悠久的栽培历史，是深受人们喜爱的观赏花卉。瞧，明亮的玻璃窗前，背衬着满天飞舞的雪花，绽放的水仙花真像一个傲视风雪的仙子。

别　　名：雅蒜
分　　类：石蒜科。多年生草本
植株高度：一般在 20 ~ 45 厘米
花　　期：多在 1–2 月

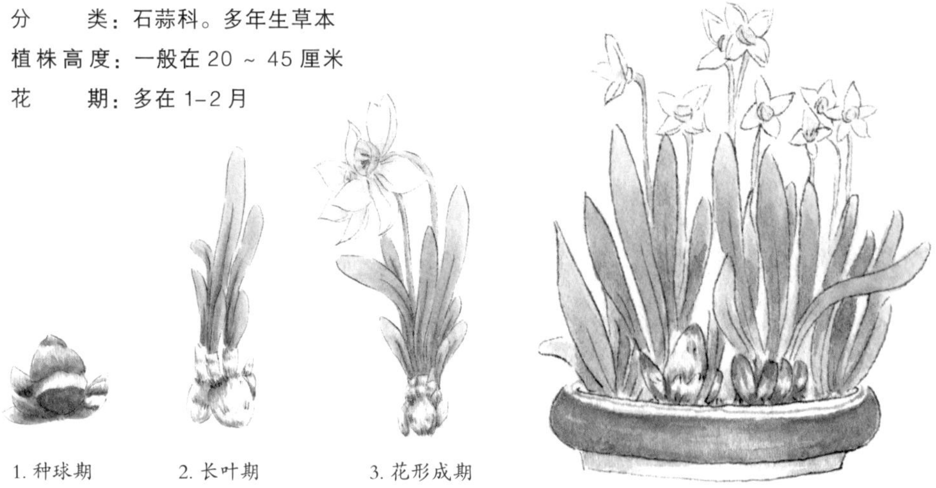

『冬小麦』

从种子萌发到成熟，冬小麦的一生要经历发芽、出苗、分蘖、越冬、返青、拔节、孕穗、抽穗、开花、灌浆、成熟等生长过程。它们在秋季播种后开始努力生长，冬天到来时进入等待期。待到燕子飞来，春天来时，它才又开始疯狂拔节。耐心的冬小麦真是了不起的勇士呢！

分　　类：禾本科。一年生或越年生草本
生 长 期：秋季播种，第二年春夏成熟
生长特点：能充分利用秋冬和早春生长季节，单产量高
分布区域：主要种植于我国长城以南地区、美国中部和澳大利亚南部地区等

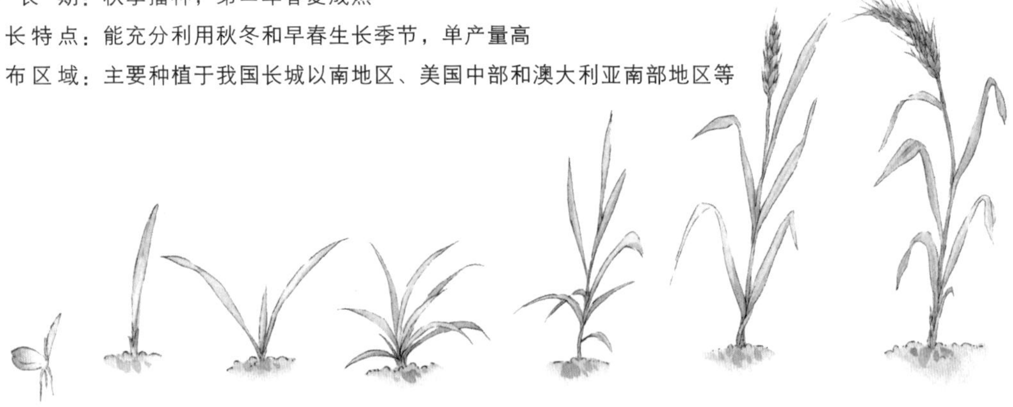

动物笔记

『企鹅』

企鹅大多生活在遥远的南极地区，它们不喜欢酷热天气，只在寒冷的气候中才会快乐地生活。它们有着胖胖的身子短短的脚，走起路来笨拙又可爱。一旦遇到海狮、海豹，它们就立刻趴下来，用厚厚的肚子贴着冰快速滑走。它们经常要到离家很远的地方找东西吃，吃得饱饱的，再回家喂小宝宝。企鹅宝宝只有躲在爸爸妈妈厚厚的羽毛下，才能度过寒冷的冬天。

分　　类：鸟纲，企鹅科
体　　长：一般约 65 厘米
主要食物：南极磷虾、小鱼等
分布区域：大多分布在从南非至南美洲西部岩岛及南极洲沿岸地区

帝企鹅　小蓝企鹅　白眉企鹅　帽带企鹅

『大麻哈鱼』

大麻哈鱼是一种大型的经济鱼类，长约 0.6 米。天气一冷，它们就成群结队从太平洋游来，一直游进黑龙江、乌苏里江和图们江等水域，在淡水里洄游产卵。虽然产完卵的鱼妈妈们筋疲力尽，但它们要保护好受精卵宝宝平安地度过冬天才算完成自己的使命。小鱼宝宝长大后就游回大海里，等到发育成熟后才又回到“故乡”繁衍生息，开始新的“冒险”。

别　　名：大马哈鱼
分　　类：硬骨鱼纲，鲑科
分布区域：主要分布在太平洋北部海域及沿岸河流中
繁 殖 期：一般在秋季时进入生殖期，一生只繁殖一次

天气·习俗·节日

寒潮

寒潮是来自极地或寒带的强冷空气，会在冬季时像潮水一样袭向中、低纬度地区。寒潮来袭时会造成快速的降温，有时会在 24 小时内降温 10 摄氏度以上，并伴有大风和雨雪天气。这样大幅度的降温会造成严重的冻害，农作物和牲畜等都可能被冻伤冻死，还有可能暴发雪灾，影响人们的生活。

小年祭灶

小年这一天，也是民间祭灶的日子。民间传说每年腊月二十三，灶王爷都要向玉皇大帝禀报人间的善恶，让玉皇大帝赏罚。送灶时，人们会在灶王像前的桌案上供奉美食，还会将融化的关东糖涂在灶王爷的嘴上，以免他在玉皇大帝那里讲人间的坏话。

春节

百节年为首。春节是传统意义上的农历新年，是中华民族最隆重的传统佳节，已有至少 4000 年的历史。它既是中华民族的思想信仰、理想愿望、生活娱乐和文化心理的集中体现，还是祈福禳灾、饮食和娱乐活动的狂欢式展示。在汉族地区，春节活动通常从除夕开始，一直持续到正月十五元宵节才算结束。这时候家家户户贴春联，互相串门拜年，庆祝团圆。

漫画故事会

『除“夕”的故事』

1 很久以前，有一只怪兽叫夕，它个头高、力气大、眼观四面耳听八方。每到大年三十它就会跑出来，每走一步都像发生地震一般，一张嘴可以吃下一头牛。

2 它不害怕红灯笼、灯光和鼓声，所以人们拿它没办法。可是不管在什么时候，夕都会捂住自己的脖子，这引起了人们的怀疑。

3 有一天，人们给夕送去了好几坛烈酒，等它喝醉昏睡后，一个勇敢的年轻人上前去把它的头砍了下来。

4 没想到，夕的脑袋滚到哪里，哪里便会起火。为了保护人们的生命和财产安全，那个年轻人抱着夕的脑袋跳进了黄河。为了纪念这个年轻人，人们便把这一天称作除夕。

环保行动派

『能源使用现状』

能源资源是对各种可以产生能量或可以做功的物质的总称，分为可再生能源和不可再生能源两种。能源资源是人类生产活动得以进行和发展的动力，目前能源安全已经被上升到国家安全的高度。如何对能源进行合理的开发与应用，积极探索新的能源技术，是全球亟待思考的问题。

『能源的分类』

可再生能源

太阳能

水能

海洋能

地热能

风能

生物质能

非可再生能源

煤

石油

天然气

核能

煤是怎样形成的

煤是一种重要的化石燃料和工业原料，过去人们甚至把它称为“黑色钻石”“工业的粮食”。煤是亿万年前植物的枝干和根茎在经历了复杂的变化（生物化学和物理化学变化）后，逐渐形成的固体可燃性矿物。今天我们使用的煤，正是一层层埋在地下的石炭纪植物化石。

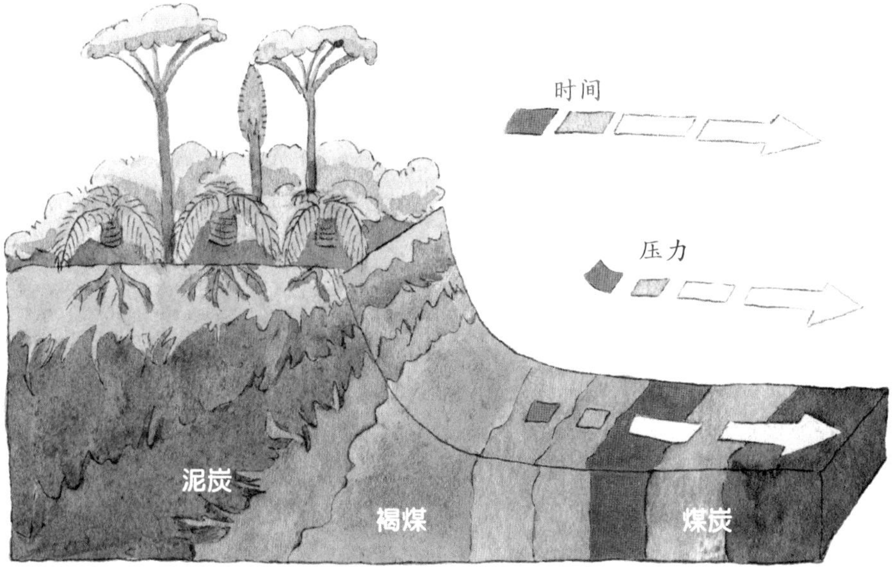

如何保护能源

节约电能，使用节能型灯泡

节约水资源，尽量一水多用

节约用纸，集中收集废旧纸制品

自备购物袋，减少使用塑料制品

植物检索

松树（11 月）

竹（12 月）

梅（12 月）

水稻（11 月）

萝卜（12 月）

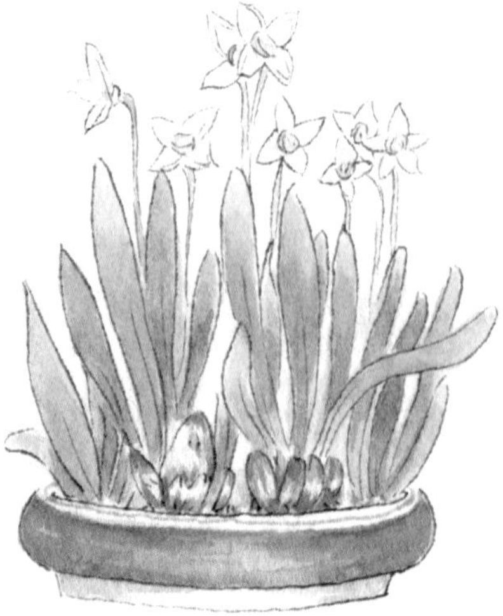

水仙（1 月）

冬小麦（1 月）

动物检索

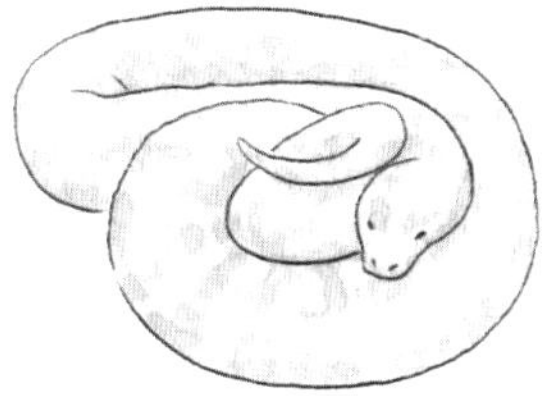

黄金蟒（11 月）

眼镜蛇（11 月）

北极熊（12 月）

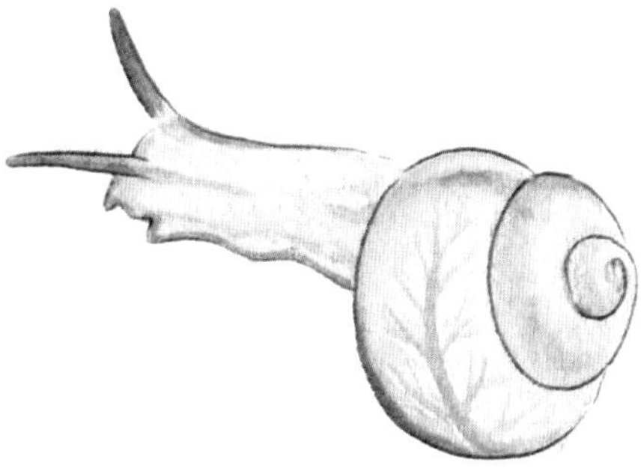

蜗牛（12 月）

金环蛇（11 月）

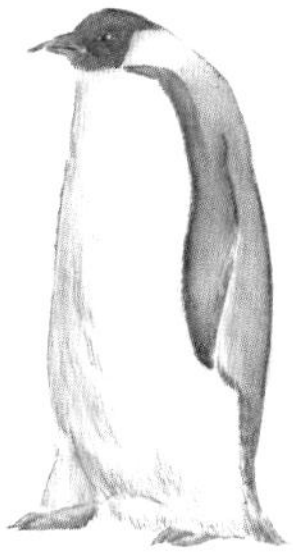

帝企鹅（1 月）

白眉企鹅（1 月）

松鼠（11 月）

大麻哈鱼（1 月）

小蓝企鹅（1 月）

帽带企鹅（1 月）

爱丢东西的圣诞老人

圣诞老人的东西丢了，今年还能收到礼物吗？

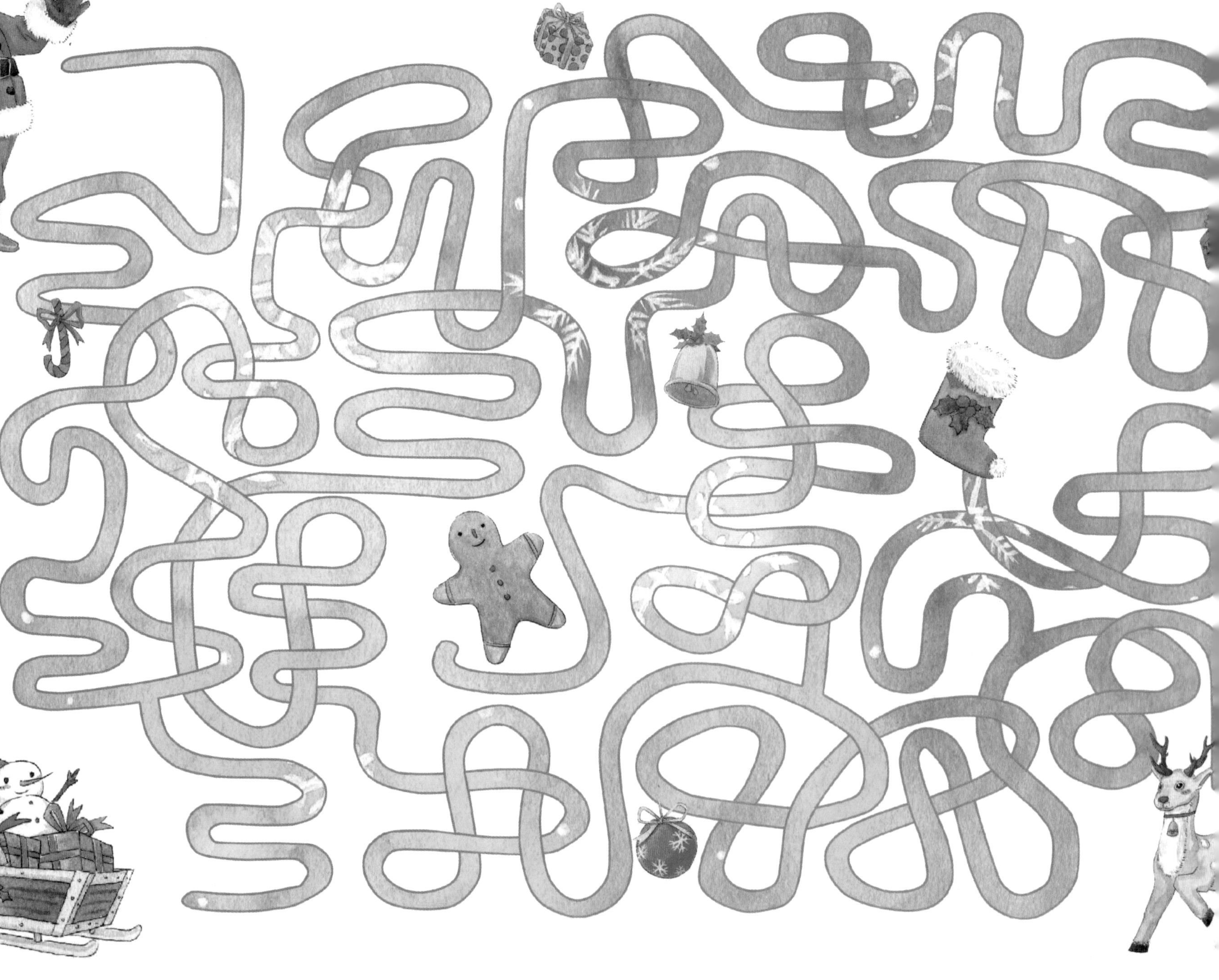

晒一晒你所关注到的冬天